亲亲宝贝装

1周就能完成的钩针小物

（日）河合真弓 著　　吕婷轩 译

可爱篇

河南科学技术出版社

· 郑州 ·

目录 ※（ ）内为编织方法页数

17
第36页（40～42）
蓝色短裤
12～24个月

18
第36页（40～42）
淡蓝色护腿长裤
12～24个月

19
第37页（38、39、42）
双色单扣小马甲
12～24个月

20
第44页（43、46、47）
奶油色小马甲
12～24个月

21
第45页（43、46、47）
粉色小马甲
12～24个月

22
第48页（50、52）
双色小帽子
12～24个月

23
第48页（51、52）
双色小围巾
12～24个月

24
第49页（50、52）
段染小帽子
12～24个月

25
第49页（51、52）
段染围巾
12～24个月

26
第54页（53、56、57）
奶油色披肩
0～12个月

27
第54页（53、56、57）
蓝色披肩
12～24个月

作者简介

河合真弓

居住于日本东京都练马区。毕业于 Vogue 编织指导人员培训
学校。曾在日本编织达人鸢乃映子主持的"鸢乃工作室"任
助手。现广泛活跃于各种女性杂志、相关编织杂志及各大毛
线制造商中，发表了很多作品。著有《钩针编织婴儿织物》等。

01 浅棕色无袖上衣

02　蓝边无袖上衣

这款蝴蝶衣样式的无袖上衣，让脖子还不稳的小宝宝也能轻松穿脱。
让我们现在就开始亲手编织吧！
无论是用单色织，还是以蓝色或粉色为重点用3种颜色的毛线搭配，都可以织出漂亮的衣服。

▶ 编织方法　第8～13页

03　白色无袖上衣

这一款蝴蝶衣样式的宝贝上衣，可使用里外两条带子调节大小，因此可以长时间穿着。
编织方法与P4、5的上衣大致相同，但是这件稍稍变化了一下带子的位置，将前襟改变成更适合女孩子穿的样式。

▶ 编织方法　第8~13页

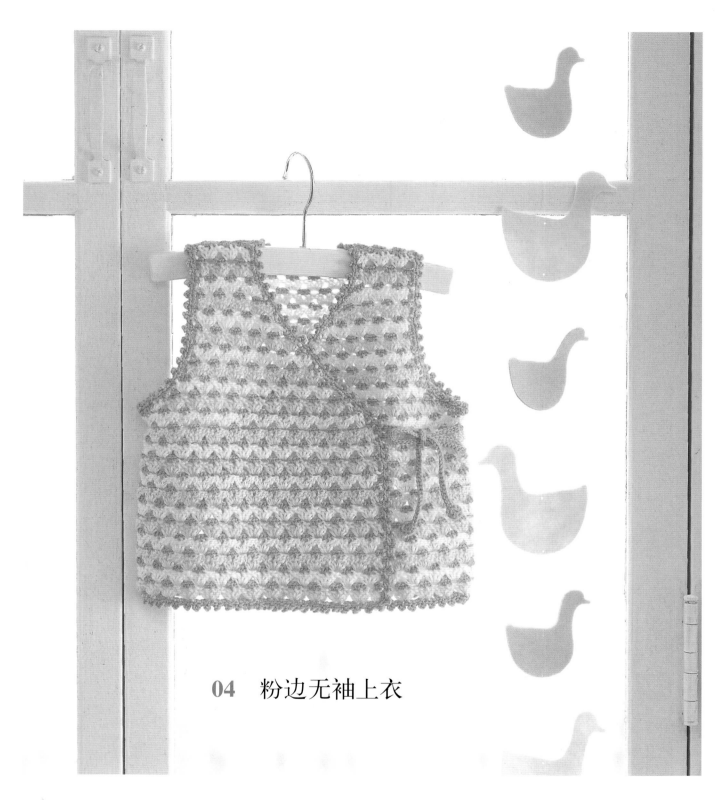

04 粉边无袖上衣

 0～12个月

01、02、03、04

无袖上衣

0～12个月

▶ 图片见第4～7页

●01材料
浅棕色毛线…150g
●02材料
白色毛线…50g
淡蓝色毛线…50g
蓝色毛线…50g
●03材料
白色毛线…150g
●04材料
白色毛线…50g
粉色毛线…50g
深粉色毛线…50g
●针
钩针4/0号
●织片规格
10cm²内编织27针、
14行
●成品尺寸
身长32cm，宽度32cm，
肩背宽23cm

❶织前后片
❷并接肩部

配色	02	04
C色	白色	白色
B色	淡蓝色	粉色
A色	蓝色	深粉色

⟵ =拉线
▼ =将线剪断
▽ =接线

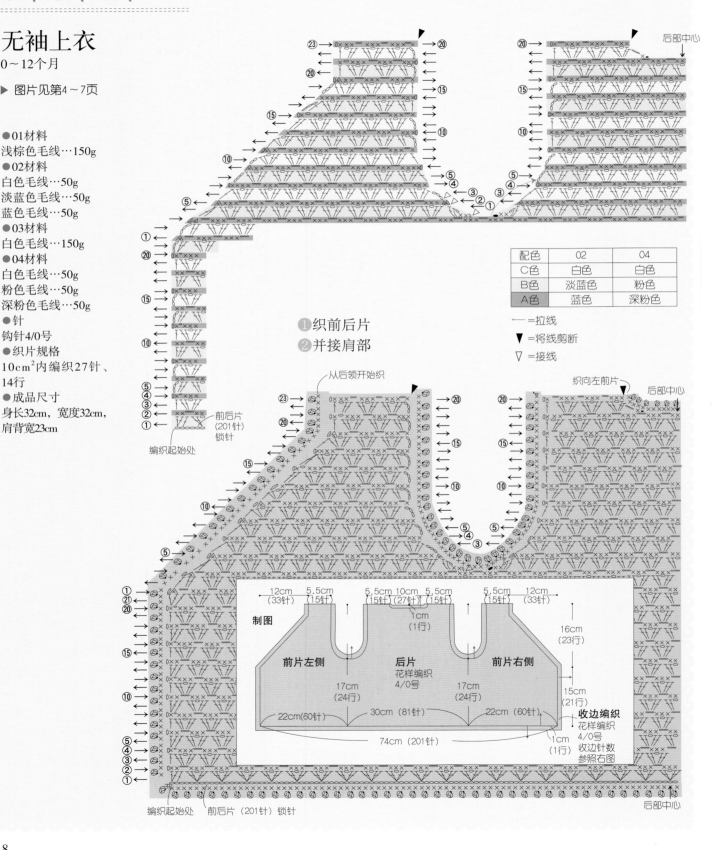

从后领开始织

织向左前片

后部中心

制图

12cm (33针)　5.5cm (15针)　　5.5cm 10cm 5.5cm (15针)(27针)(15针)　　5.5cm (15针)　12cm (33针)

1cm (1行)

16cm (23行)

前片左侧　　后片 花样编织 4/0号　　前片右侧

17cm (24行)　　17cm (24行)

15cm (21行)

收边编织 花样编织 4/0号 收边针数 参照右图

22cm(60针)　　30cm (81针)　　22cm (60针)

74cm (201针)

1cm (1行)

前后片 (201针) 锁针

编织起始处

编织起始处　前后片（201针）锁针　　　　后部中心

编织方法

①织前后片
织201针锁针，前后片不加针不减针织21行花样。然后前端减针，继续织3行，之后从此处向上织完前后片。

②并接肩部。将前后两块织片正面相对，以卷针并接。

③收边编织。分别在下摆、前襟、领口、袖口处织1行收边。

④织带子A和B（各2条）

织208针锁针后，上面织引拔针。带子A的一侧如图所示织锁针和枣形针。

⑤完成
将带子缝到图中所示位置（注意男款与女款的不同）。

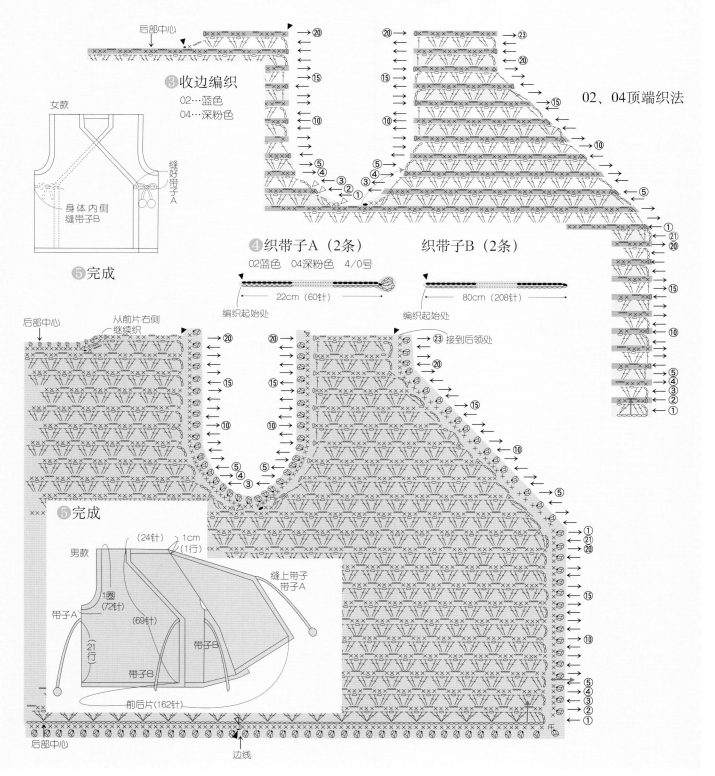

③收边编织
02…蓝色
04…深粉色

02、04顶端织法

女款

缝好带子A

身体内侧
缝带子B

⑤完成

④织带子A（2条）　织带子B（2条）
02蓝色　04深粉色　4/0号

22cm（60针）
编织起始处

80cm（208针）
编织起始处

后部中心
从前片右侧继续织

接到后领处

⑤完成

（24针）　1cm
（1行）

男款

1圈（72针）

带子A

（69针）

21行

带子B

缝上带子
带子A

带子B

前后片（162针）

后部中心　边线

9

01~04　无袖上衣 下图中使用单色01进行说明。

❖针脚

●起针针脚

   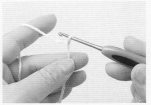

1 左手持线，右手持针，针在线的外侧，从内向外挂针。

2 如写"6"字一样旋转针头，针上绕线。

3 针上挂线，按箭头方向引拔穿过。

4 起针完成。这针不算做1针。

●锁针 ⌒

1 针上挂线，按箭头方向引拔穿过。1针锁针完成。

2 并接前后片两块织片时，织201针锁针。

❖相继编织前后片花样

●长针 Ŧ

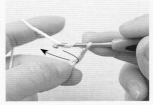 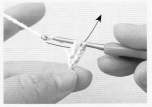

1 第1行织起针的3针锁针（1针长针大小）。针上挂线，由锁针第4针的里山入针。

2 将线拉出，针上挂线，一次引拔穿过2个线圈。

●短针 ✕

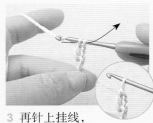   

3 再针上挂线，一次引拔穿过2个线圈，1针长针完成。

4 以相同要领织2针长针，在第4针锁针处，织"2针长针、1针锁针、2针长针"。

5 结束处织1针长针，下一针处织2针长针。持织片左侧，如箭头所示旋转改变方向。

6 第2行织1针锁针起针（短针处锁针不算做1针），按箭头所指方向，在第1针处入针。

  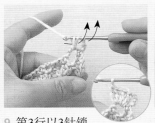 

7 将线拉出，针上挂线，一次引拔穿过2个线圈。1针短针完成。

8 交替织短针和锁针，结束时手持织片左侧，旋转。

9 第3行以3针锁针起针，在前一行起针处入针，编织步骤4中引号部分的5针。

10 编织结束时，在短针的顶端织1针长针，手持左侧旋转。

●左前侧　　　　　　　　　　短针2针并1针 ⋏　　　　　　●右前侧

 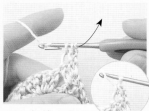  

11 前领口处的第一次减针，是从左前方的下摆数起第22行处，首先织1针锁针起针。

12 在前一行2针长针处入针，拉出2个线圈，针上挂线，一次引拔穿过3个线圈。

13 编织结束时，在前领口的右侧，从上一行的长针处和起针的锁针处拉出2个线圈。

14 针上挂线一次引拔穿过。按记号图所示，减针编织左右两侧的前端。

❖ 织前片右侧　　　　　　　　　　　　　　　　　　　　　　●中长针 ⊤

  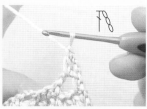 

1 体侧长度为24行（前衣领口为3行），织好后在左右边线处标记上绷线印，区分左右两侧的前片及后片。

2 织打结的前片右侧，在衣领口第4行处织3针锁针起立针。

3 在前一行的线圈里织1针长针。从此针对面左侧来看，此针为长针2针并1针。

4 从绷线印数起1.5个图案处，开始袖口减针。针上挂线，从前一行拉出中长针。

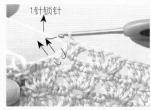   

5 在针上挂线，一次引拔穿过3个线圈。然后织1针锁针、2针短针（按箭头所示位置）。

6 从边线的绷线印数起第3针处引拔穿过，织平滑的斜线。

7 从针脚处将针抽出，在该针脚处打结。拉出线头，整理针脚。

8 在编织结束的长针处入针，将线拉出。

●中长针和长针2针并1针 ↗

  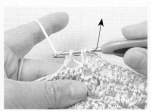 

9 换手持织片，织第2行的起针，1针锁针。

10 在袖口处织短针2针并1针，然后按照记号图继续编织。

11 在袖口第3行（前领口第6行）织中长针和长针的未完成针。

12 针上挂线一次引拔穿过，中长针和长针的2针并1针完成。后面按照记号图所示继续编织。

  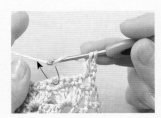 

13 领口第10行处织2针锁针起针，针上挂线，从前一行线圈中穿过。

14 针上挂线一次引拔穿过。左前方为中长针2针并1针。

15 衣领口第16行处织3针锁针起针，织未完成长针。

16 再织1针未完成长针，一次引拔穿过。左前方成为长针3针并1针。

❖ 织后片

   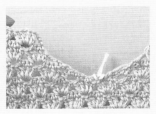

1 袖口的第1行，在绷线印数起第3针上挂线。

2 织1针锁针，再织2针短针、1针锁针、1针中长针。

3 做好右侧袖口的斜线后，继续编织花样，左侧袖口的织法与右袖口前方相同。

4 图中为右侧袖口织好5行后的样子。

❖ 织前片左侧

●中长针2针并1针 ↗   ●长针3针并1针 ⋀

  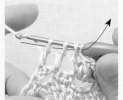 

1 袖口织法与右袖口后侧的编织要领相同。衣领口第10行，织中长针2针并1针。

2 将挂在针上的线圈稍稍抽出，换手持织片，织下面一行的起针。

3 衣领口第16行处，织长针3针并1针。

❖ 并接肩部（卷针并接）

1 将肩部前后正面相对，将线头穿过手缝针，在顶端的第1针处入针。

2 每次收针锁针针脚的两根线，每针进行一次并接。

3 并接结束后再次入针，将线拉出。

4 将结束处的线头从里侧并接针脚处穿过。

5 相反方向再穿一次线，最后将线头剪断并整理。

❖ 收边编织

● 短针凸编

1 在针脚的边线处穿线，织1针锁针作为起针，1针短针。

2 织3针锁针，按照箭头所示方向，在短针的头部半针和尾部的一根处入针。

3 针上挂线，一次引拔穿过。短针之凸编完成。

4 在4针锁针下入针，按照图案编织的4针长针处，将锁针针脚的两条线收针。

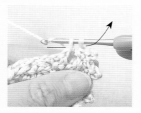

5 前端边角处织1针短针、凸编、1针短针。

6 在前端的起针处入针编织。

7 以短针结束的一行，在短针尾部织入。

8 始终在起针（左前方是长针）处入针编织。

9 编织结束时引拔穿过编织起始处。

02、03　无袖上衣

❖ 配色线的换线方法

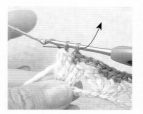

1 针脚与第1行使用相同颜色的线编织，将针从织片中抽出。第2行正面向上编织。

2 织第2行的结束部分。在前1针停线的针脚处入针，将线拉出，回到未完成状态。

3 将第1行的毛线拉向对面挂在针上，再将第2行的线挂到针上，一次引拔穿过2个线圈。

4 在针上挂线，一次引拔穿过2个线圈，将针从织片中抽出。

5 看着相同一侧继续编织第3行。

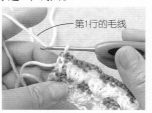

6 结束处与步骤2~4以相同要领编织，向对面方向挂线，将第2行毛线从下向上拉出，引拔穿过。

7 第4行与第2行使用相同颜色编织。

8 织第5行。拉出第1行的毛线，从第4行起针短针中拉出，开始编织。

第1行的毛线

9 将第3行之后的线从下面一行拉出，不要把线剪断，继续编织。

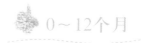

和胖嘟嘟的小脚丫非常相配的娃娃鞋，作为礼物来说是首选哦！

漂亮的小鞋配上精致的小鞋襻，真让人爱不释手。编织时只需要织长针和短针，所以即使是刚开始学习编织的妈妈也可以轻松完成哦！

这里将分别介绍使用不同粗细毛线编织的两款娃娃鞋。

▶ 编织方法　见第16、17页

06　白色带襻娃娃鞋

 12~24个月

05、06

带襻娃娃鞋

05…0~12个月   06…12~24个月

▶ 图片见第14~15页

● 05材料
藕荷色毛线…30g
● 25号绣花线…各少量
蓝色、淡蓝色、黄色、
黄绿色
直径为1cm的纽扣2颗
● 06材料
白色毛线…40g
25号绣花线…各少量
深粉色、粉色、黄色、
黄绿色
直径为1cm的纽扣2颗
● 针
钩针4/0号
● 成品尺寸
05 = 9cm   06 = 10cm

编织方法

❶织娃娃鞋（右脚）
从鞋底开始，织10针锁
针，脚尖部分及脚跟部分
加针织中长针、长针。织
侧面和脚面的第1行，从
底面四周开始以短针的条
纹针挑起针脚，如图所示
编织。然后如图所示，将
鞋襻连接到侧面编织。
❷织娃娃鞋（左脚）
左脚侧面的起立针与右脚
呈左右对称编织。
❸绣花，固定纽扣
在脚面部分如图所示，用
绣花线绣上小花，并固定
好纽扣。

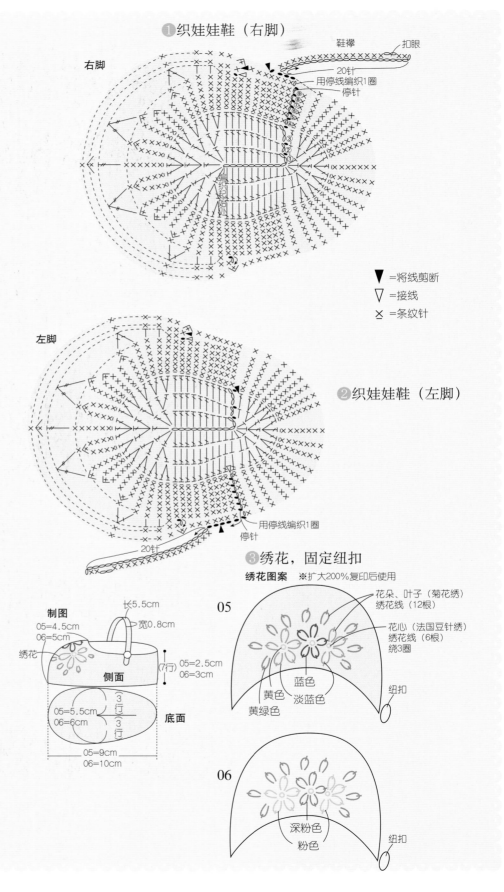

❶织娃娃鞋（右脚）

右脚

鞋襻   扣眼

20针
用停线编织1圈
停针

▼=将线剪断
▽=接线
×=条纹针

左脚

用停线编织1圈
停针
20针

❷织娃娃鞋（左脚）

制图

长5.5cm
宽0.8cm

05=4.5cm
06=5cm

绣花

侧面

(7行)   05=2.5cm
06=3cm

05=5.5cm
06=6cm

3行
3行

底面

05=9cm
06=10cm

❸绣花，固定纽扣

绣花图案 ※扩大200%复印后使用

05

花朵、叶子（菊花绣）
绣花线（12根）
花心（法国豆针绣）
绣花线（6根）
绕3圈

蓝色
黄色   淡蓝色
黄绿色

纽扣

06

深粉色
粉色

纽扣

❖ 侧面的编织方法

● 短针的条纹针 ✕

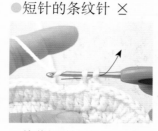

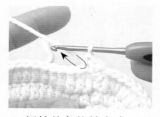

1 如图所示织鞋底，编织过程中不要将线剪断。织起针的1针锁针。

2 接着织1针短针然后在长针的外侧半针处入针，织短针。

3 短针的条纹针完成。以后依次在外侧半针处织1针短针。

4 留下的里侧半针呈一条线状，使鞋底和侧面的界线清晰。

5 结束处引拔穿过起始处的短针。

6 从第2行开始织短针。

❖ 绣花的方法

● 雏菊绣

1 除织片外，还需准备好绣花线和稍粗一些的绣花针。

2 隔6条线将针穿入，再空出2条线。针从里侧穿出，掬1针。

● 法国结

3 针上挂线再拉出，固定好前面的线圈，并回到原来位置。

4 绣5片花瓣。

5 花心绣法国豆针绣，由里向外将针（隔6条线）穿过，在针上绕3圈线。

6 将针头插入打结的底部。

7 从里侧将针抽出，在针脚处打结后，整理线头。

8 周围的小叶子也绣雏菊绣，使用绿色毛线分别绣9处。

9 绣花完成。

07　白色小礼服

0~6个月

08 粉色小礼服

亲手钩织传达浓浓爱意。这是一件为特别日子准备的小礼服。
领口装饰的小花边，让小宝宝的脸颊更显红润，可爱动人。
如果再配上第30页的小帽子和小鞋，一定会显得更加端庄而华丽。

▶ 编织方法 见第20～23页

 0～6个月

白色小礼服
粉色小礼服

0~6个月

▶ 图片见第18、19页

● 07材料
白色毛线…400g
直径1.2cm的纽扣11颗
● 08材料
粉色毛线…360g
白色毛线…40g
直径1.2cm的纽扣11颗
● 针
钩针4/0号
● 织片规格
边长10cm正方形内花样A20针、12行，花样B23
针、10行
● 成品尺寸
胸围63.5cm、肩背宽23cm、长52.5cm、袖长23cm

编织方法

❶织前后片
左右片分别织45针锁针，后片织89针锁针，均织到第2行。前片左侧的第3行织好后，继续织左袖口的14针锁针，再织后片的第3行。右袖口使用同样方法编织。

❷织前后片
从第4行开始按图所示，织到第52行。然后织一行包边编织。如果像第3行、第6行那样，织入下一行的锁针线圈处的话，就将锁针针脚收针成束编织。

❸织肩部
将编织图中点线处的针脚收针织肩部。前片处从第7行开始减针织衣领口。

❹织袖子
织17针锁针后，两侧加针织到第8行。第9行以后常规编织。粉色小裙子只有最后一行用白色线编织。织好后，以锁针并接将袖子下方织成筒状。

❺并接肩部
将两边正面相对以卷针并接相连。

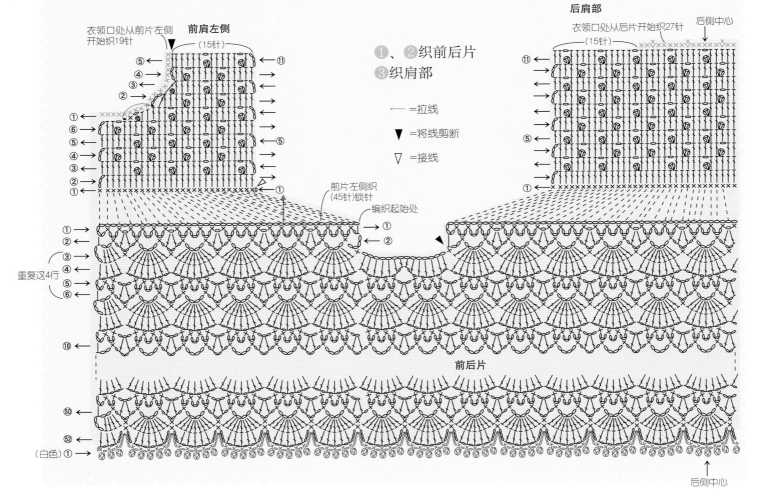

❶、❷织前后片
❸织肩部

⟵ =拉线

▼ =将线剪断

▽ =接线

前肩左侧
衣领口处从前片左侧开始织19针
（15针）

后肩部
衣领口处从后片开始织27针
（15针）
后侧中心

重复这4行

前片左侧织（45针）锁针
编织起始处

前后片

（白色）①

后侧中心

⑥织衣领
在前片衣领口右侧挂线，织到第7行。

⑦织前襟
在前襟右侧开扣眼，织短针的菱钩针，前端的左右两侧各织4行。

⑧收边编织
前襟左端的上侧挂上白色线，然后继续织前襟左侧、下摆、前襟右侧。织衣领口处。在前襟左侧的收边开始处挂上线，织片的里侧向上织到前襟右侧。

⑨连接袖子
以引拔针并接，将袖子连接上。

⑩织带子
织80针锁针做带子。两端分别打结。

⑪完成
在从袖口数起的第5行处，穿入用锁针编织的带子并打结。再固定好纽扣。

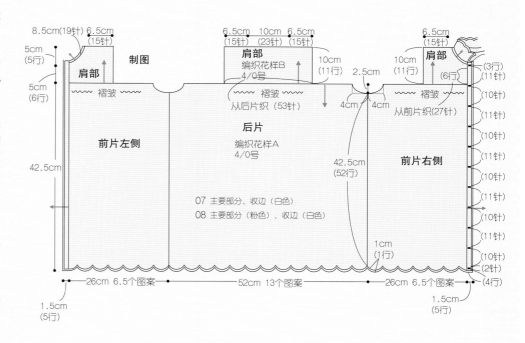

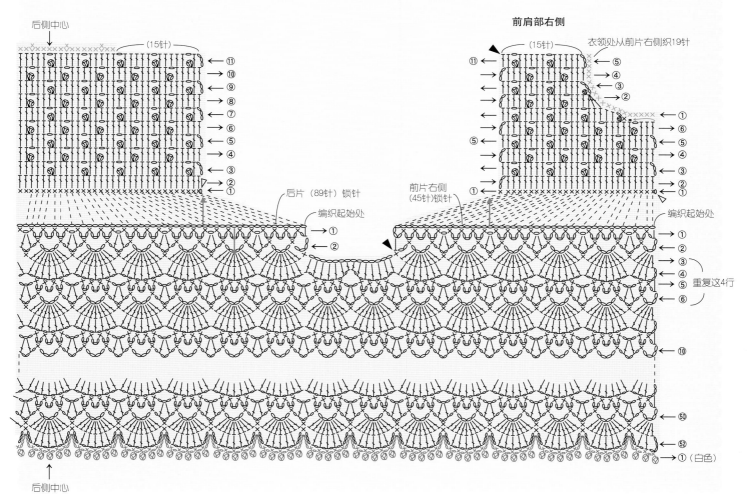

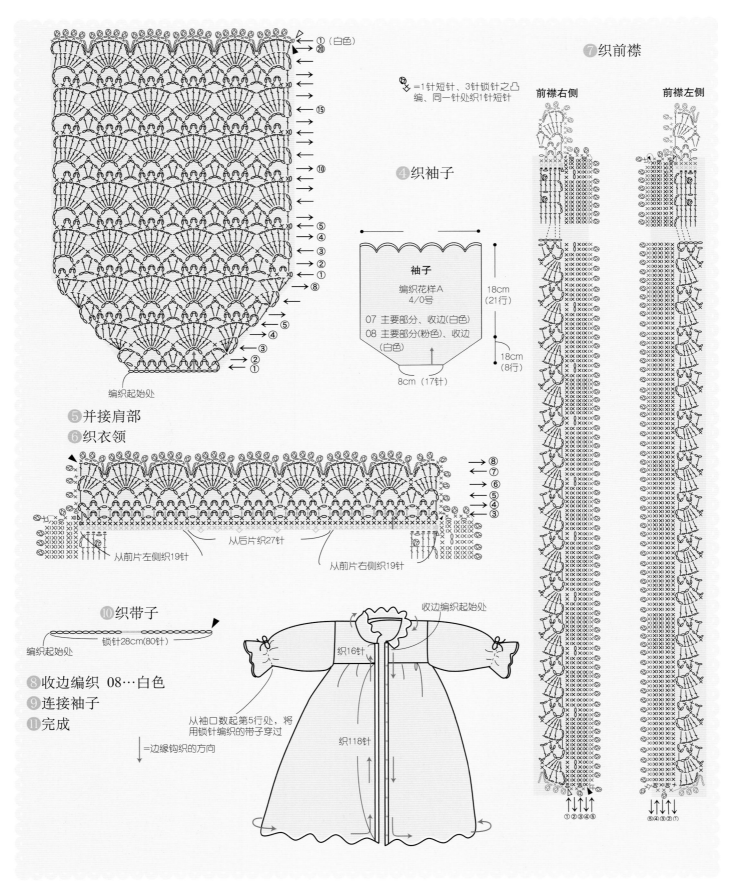

① (白色)
⑳

⑮

⑩

⑤
④
③
②
①
⑧

⑤
④
③
②
①

编织起始处

❺并接肩部
❻织衣领

❿织带子
锁针28cm(80针)
编织起始处

❽收边编织 08…白色
❾连接袖子
⓫完成

↓=边缘钩织的方向

◇◇=1针短针、3针锁针之凸
编、同一针处织1针短针

❹织袖子

袖子
编织花样A
4/0号
07 主要部分、收边(白色)
08 主要部分(粉色)、收边
(白色)

18cm
(21行)

18cm
(8行)

8cm（17针）

从前片左侧织19针
从后片织27针
从前片右侧织19针

❼织前襟

前襟右侧   前襟左侧

①②③④⑤   ⑤④③②①

收边编织起始处
织16针
从袖口数起第5行处，将
用锁针编织的带子穿过
织118针

22

❖ 肩部边线的编织方法

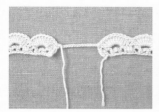

1 分别在后片、前片的左右两侧各织2行。织第3行的同时，织腋下袖子的14针锁针。

2 织第4行。在14针锁针的里山入针织长针，连接前后2个图案。

3 图中为前后相接织好10行时的样子。然后朝着下摆方向不加针、不减针地继续编织。

4 肩部第1行织短针，收针前肩部27针和后肩部53针进行编织。

5 第1行织好后自然形成褶皱。

6 从第2行开始，按照记号图所示，织带凸编的长针、锁针、长针。

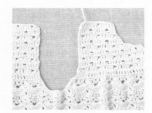

7 织衣领口的弧形，织好前片。图中为前后肩部织好后的样子。

❖ 并接肩部

将前后肩部正面相对，在每一针脚处入针，以卷针并接连接。

❖ 缝合袖子（锁针缝合）

1 织到袖口处后，将边缘处正面对齐，在最后一行上挂线，织1针锁针起针。

2 重复"将两织片一同收针，在行的交界处织1针短针、3针锁针"编织。

3 织片顶端如果是短针，后面织1～2针锁针、如果是长针，后面织3针。依此进行调整。

4 并接结束后，将织片翻到正面整理线头。

❖ 接袖方法（引拔针缝合）

1 把织片反面朝上后将袖子插进去，然后固定好珠针，间距密一些。

2 从袖子下方的线处拉出缝合线（这里使用其他颜色的线，使说明更加清晰）。

3 用钩针进行引拔针缝合。

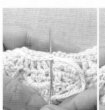

4 将线头穿过缝合针，再穿过起始针的针脚，做成锁针形状。将线头在边缘部分系紧后进行整理。

09 婴儿包被

怀着对小宝宝降生的期待，一针一针地编织图案相接的婴儿包被吧！
天然的配色不会让人感到厌烦，而且这个婴儿包被还可以当作披肩或者盖膝盖的毯子使用。伴随着宝宝的成长，一定会留下很多美好回忆吧！
这里选用可水洗的毛线，让你的婴儿包被时刻保持清洁。

▶ 编织方法　见第26～28页

婴儿包被

▶ 图片见第24页

●材料
浅棕色毛线…280g
白色毛线…230g
●针
钩针4/0号
●织片规格
1片图案织片的大小为边长8.5cm的正方形
●成品尺寸
88cm×88cm

编织方法

❶织第1片图案织片
将6针锁针作成环状，织3针锁针起立
针，如图所示编织。
❷从第2片开始边连接边编织
从第2片图案开始，在第4行凸编处织引
拔针连接，横竖各编织10片。
❸收边编织
在相连图案的周围将针脚收针，织2行
收边。

❶织第1片图案织片

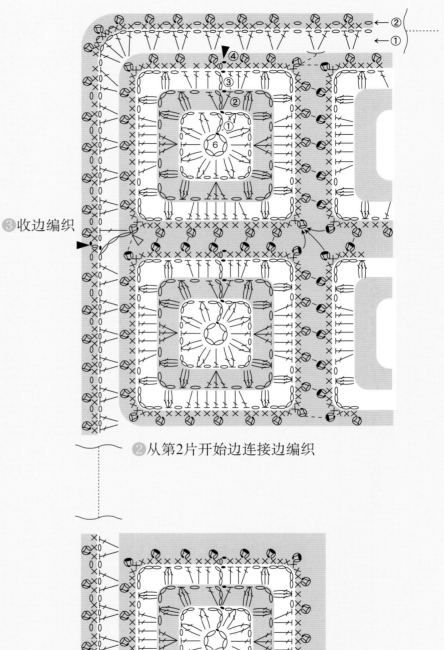

❸收边编织

❷从第2片开始边连接边编织

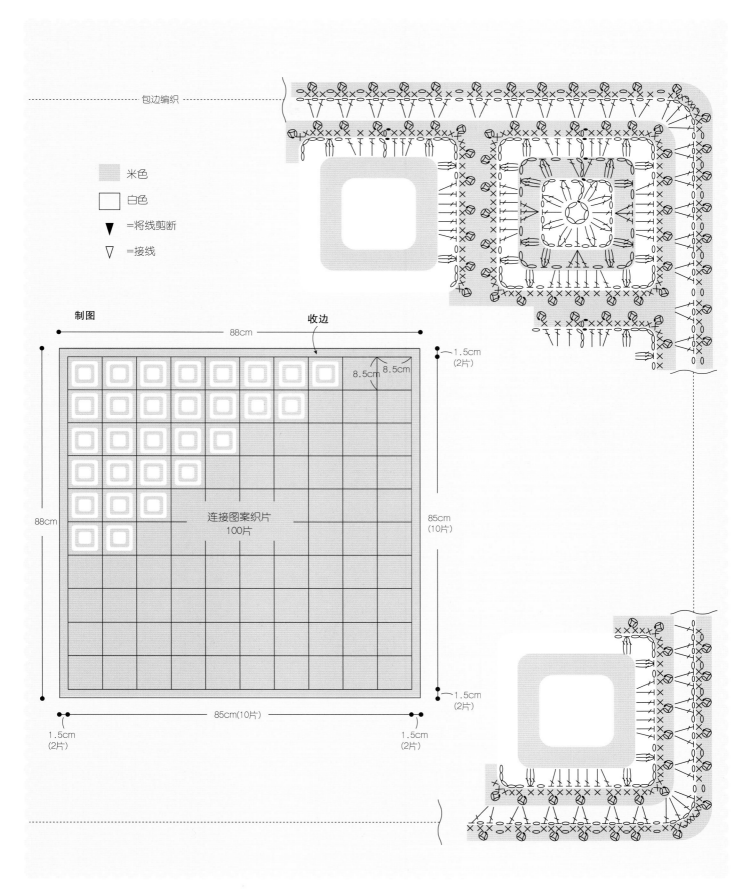

包边编织

米色

白色

▼ =将线剪断

▽ =接线

制图

收边

88cm

8.5cm 8.5cm

1.5cm
(2片)

连接图案织片
100片

88cm

85cm
(10片)

85cm(10片)

1.5cm
(2片)

1.5cm
(2片)

1.5cm
(2片)

❖ 图案的编织方法

● 2针长针的枣形针

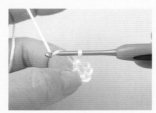

1 织6针锁针，引拔至起针作成一个环。

2 第1行织3针锁针起针，织1针锁针。

3 织2针长针的枣形针，织2针未完成长针，针上挂线一次引拔穿过。

4 结束时将线头贴近针脚，针上挂配色线后引拔穿过，改变颜色。

● 3针长针的枣形针

5 第2行使用配色线编织，织3针锁针作起针。然后织1针长针、1针锁针。

6 织3针长针的枣形针，从锁针线圈处入针，织3针未完成长针，一次性引拔穿过。

7 织3针锁针，在同一线圈里再织一次3针长针的枣形针。

8 将第1行的毛线拉出编织第3行。第4行同样拉出第2行的毛线编织。

❖ 图案的连接方法

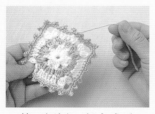

1 第1片编织4行完成后，将线头穿过最后1针针脚，停针。

2 第2片在第4行编织过程中连接。在第4行凸编的第2针锁针处，将针插入另外一片的凸编处。

3 针上挂线引拔穿过，在一侧的7个凸编处连接。

4 2片图案连接好后，第3片也以相同方法连接。

5 在第3片边角上，与第2片相同针脚处入针，引拔穿过。

6 连接4片织片的边角处，在与第2片相同针脚处引拔穿过。

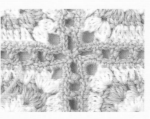

7 图中所示为边角相连处的针脚状态。将线头从里面抽出，打结整理。

8 图中为4片织片相连接的样子。在第4行处相连，就这样一片一片地连接下去。

10、12　娃娃帽　　11、13　娃娃鞋

10、12
娃娃帽
图中使用
单色的10
进行解释
说明。

❖脑后部分（织成圆形）

●环形起针

 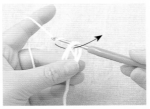 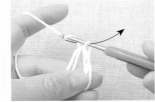 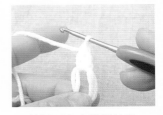

1 将线在左手食指上缠绕2圈做成环。

2 将圆环取下后左手拿好，将钩针插入圆环中，针上挂线将线拉出。

3 再一次针上挂线，将线拉出，织起立针的锁针。

4 从圆环中入针织长针。

●环形编织起头的方法（收紧圆环的方法）

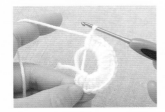   

5 织17针长针，然后将针抽出。

6 右手持线头，轻轻拉动，将中心拉紧。

7 拉动中心处的毛线圆环，再进行收紧。

8 再一次拉动线头，向中心收紧。

●引拔针 ⬤

  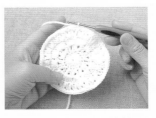 

9 将针插回到针脚处，在起立针的第3针锁针处入针引拔穿过。

10 第2行、第3行织长针和锁针，正面向上进行编织并伸展成圆形。

11 第4行织长针和锁针，第5行织短针，始终正面向上进行编织。

12 从第6行开始，正反两面交替向上编织。

11、13
娃娃鞋

❖娃娃鞋的编织方法

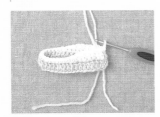   

1 脚踝处环形编织（编织方法参照第52页），编织2行。

2 从脚跟的中央17针开始收针，织脚面的6行。

3 织侧面，在脚面的11针和11行处各收7针，然后再织脚踝处9针，环形编织。

4 脚踝边缘进行收边编织，将底部进行卷针并接后完成。

10、11
白色娃娃帽和娃娃鞋

12、13　蓝边娃娃帽和娃娃鞋

图案天真烂漫的小帽子，让宝宝变得如小天使般可爱。
与极受欢迎的娃娃鞋搭配起来编织吧！
如果在为小宝宝庆生的场合作为礼物送出的话，一定会大受欢迎。
如果使用三种不同颜色的毛线编织，感觉也会焕然一新哦！

▶ 编织方法　见第29、32、33页

0～12个月

10、12

娃娃帽

0～12个月

▶ 图片见第30、31页

● 10材料
白色毛线…45g
● 12材料
蓝色毛线…20g
淡蓝色毛线…15g
白色毛线…10g
● 针
钩针4/0号
● 成品尺寸
头围49cm，长度10cm

编织方法

❶编织主体部分
起针，第1～5行织成圆形。
然后织15行平针（配色线的
换线方法参照第13页）。
❷收边
在第16行处织好凸编，继续
织面部四周收边。
❸织带子
织80cm（210针）锁针，在
顶端织装饰物。在锁针里山
织引拔针，织回第1针针脚
处。
❹完成
将带子穿进面部周围的包边
后，织另外一端的装饰物。

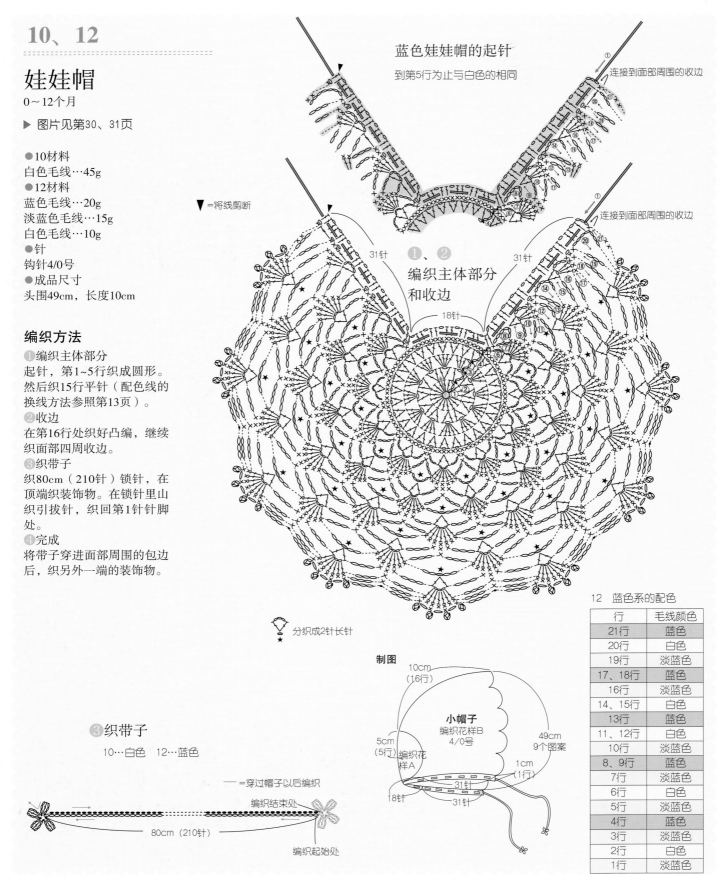

蓝色娃娃帽的起针
到第5行为止与白色的相同

连接到面部周围的收边

▼=将线剪断

31针

❶、❷ 编织主体部分和收边

18针

连接到面部周围的收边

31针

✿ 分织成2针长针
★

❸织带子

10…白色　12…蓝色

—=穿过帽子以后编织

编织结束处

80cm（210针）

编织起始处

制图

10cm（16行）

小帽子
编织花样B
4/0号
9个图案

5cm（5行）编织花样A

49cm
9个图案

1cm（1行）

18针

31针

31针

12	蓝色系的配色
行	毛线颜色
21行	蓝色
20行	白色
19行	淡蓝色
17、18行	蓝色
16行	淡蓝色
14、15行	白色
13行	蓝色
11、12行	白色
10行	淡蓝色
8、9行	蓝色
7行	淡蓝色
6行	白色
5行	淡蓝色
4行	蓝色
3行	淡蓝色
2行	白色
1行	淡蓝色

11、13

娃娃鞋

0～12个月

▶ 图片见第30、31页

●11材料
白色毛线…40g
●13材料
淡蓝色毛线…25g
蓝色毛线…15g
白色毛线…10g
●针
钩针4/0号
●成品尺寸
参照下图

编织方法

❶织娃娃鞋
在脚踝四周织35针锁针，每一行均改变正、反方向织成1个环。织脚面，停下两边的毛线织短针。从侧面到底面，从停线的针脚及脚面处将针脚收针织成环状。然后正、反面交替向上编织，使最后一行织成正面。
❷收边编织
收针针脚，将收边织成环状。
❸织带子
织带子，从一端装饰起始织105针锁针，穿过边缘后织另一端的装饰。

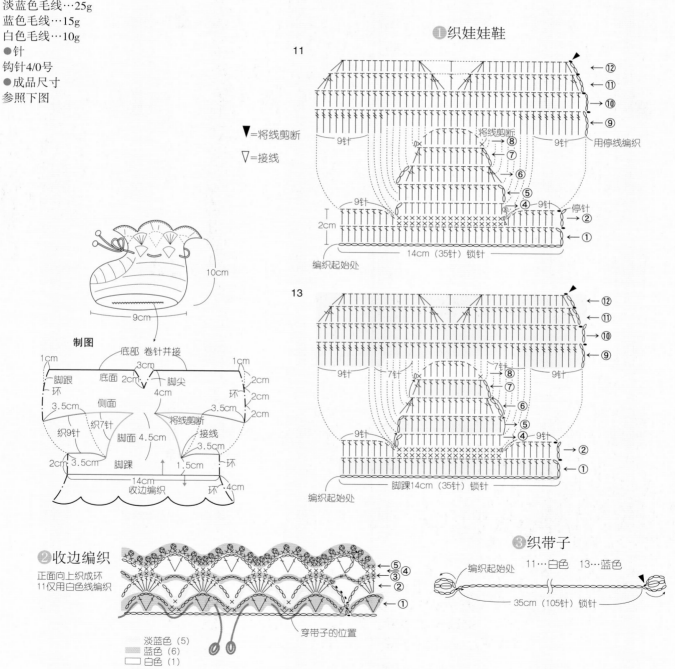

▼=将线剪断
▽=接线

❶织娃娃鞋

11

❷收边编织
正面向上织成环
11仅用白色线编织

淡蓝色(5)
蓝色(6)
白色(1)

穿带子的位置

❸织带子
编织起始处 11…白色 13…蓝色
35cm（105针）锁针

14 灰白相间的单扣长袖开衫

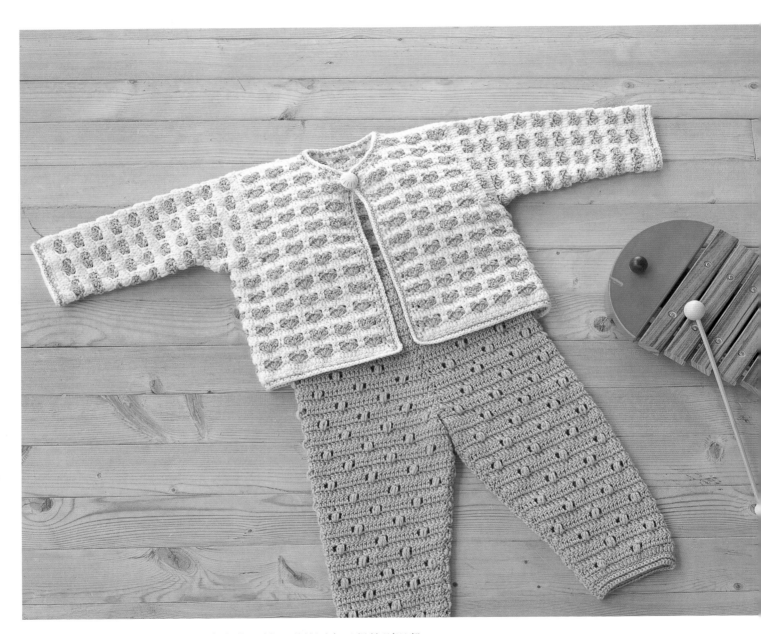

这款单扣长袖开衫是外出必备之物，桃心形的图案显得特别温馨。

白色与灰色的搭配给人一种雅致的感觉。

凹凸不平的枣形针图案非常可爱，是这款长短不同的小短裤的点睛之笔。这一款开衫可以与任何样式的裤装或裙子搭配，很有人气哦！

▶ 编织方法　见第38～42页

15
灰色护腿长裤

12～24个月

16
白色短裤

17　蓝色短裤　　**18　淡蓝色护腿长裤**

为蹒跚学步的宝宝编织的适合运动的短裤。款式与第35页相同，让胖胖的小屁股看起来更加可爱。图中是用第34页无袖的短上衣式样作为马甲来搭配的。让我们轻轻松松地开始编织吧！

▶ 编织方法 见第38～42页

19 双色单扣小马甲

14、19

单扣长袖开衫、双色单扣小马甲

12～24个月

▶ 图片见第34、37页

● 14材料
白色毛线…140g
灰色毛线…70g
直径2cm的纽扣1颗
● 19材料
淡蓝色毛线…90g
蓝色毛线…40g
直径2cm的纽扣1颗
● 针
钩针4/0号
● 织片规格
边长10cm正方形内编织25针、13.5行
● 成品尺寸
身长28cm、宽度33.5cm，肩背宽14=25cm、19=27cm，袖长14=23cm

编织方法

❶织前片和后片
前片和后片织163针锁针，19行编织花样。从腋下分别织前片和后片。
❷织袖子（仅限14）
织44针锁针，再按照编织花样织31行。将袖子下方以锁针缝合后，将袖口处收边缝合。
❸并接肩部
将肩部以卷针并接。
❹收边编织
在下摆、前襟、衣领口、袖口（仅限19）处织3行收边编织。
❺连接袖子（仅限14）
将袖子与织片对齐，以卷针连接。
❻完成
缝好纽扣。

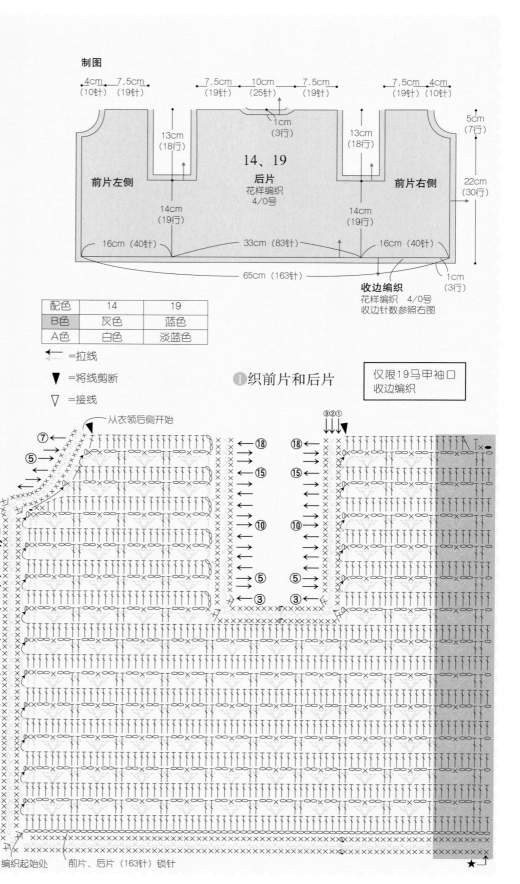

制图

配色	14	19
B色	灰色	蓝色
A色	白色	淡蓝色

⟵ =拉线
▼ =将线剪断
▽ =接线

❶织前片和后片

仅限19马甲袖口收边编织

14、19
后片
花样编织
4/0号

前片左侧

前片右侧

收边编织
花样编织　4/0号
收边针数参照右图

从衣领后侧开始

扣眼

编织起始处　前片、后片（163针）锁针

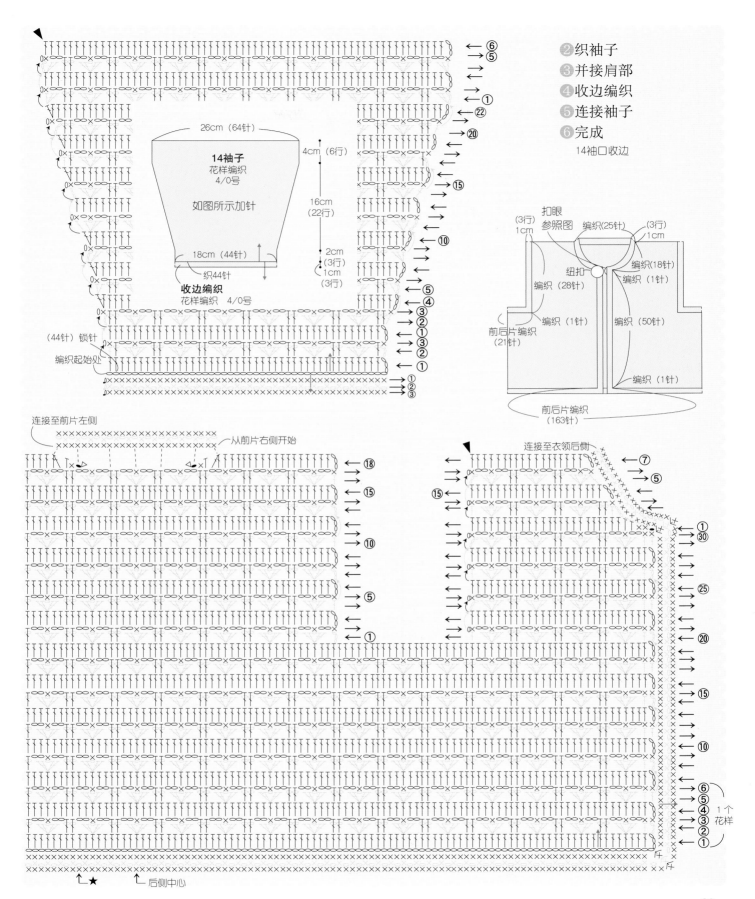

②织袖子
③并接肩部
④收边编织
⑤连接袖子
⑥完成

14袖口收边

26cm (64针)

14袖子
花样编织
4/0号

如图所示加针

4cm (6行)

16cm
(22行)

18cm (44针)

织44针

2cm
(3行)
1cm
(3行)

收边编织
花样编织　4/0号

(44针) 锁针

编织起始处

扣眼
参照图

(3行)
1cm

编织(25针)

(3行)
1cm

纽扣

编织(18针)
编织(1针)

编织(28针)

编织(1针)

编织(50针)

前后片编织
(21针)

编织(1针)

前后片编织
(163针)

连接至前片左侧

从前片右侧开始

⑱
⑮
⑩
⑤
①

连接至衣领后侧

⑦
⑤
①
㉚
㉕
⑳
⑮
⑩
⑥
⑤
④
③
②
①

1个
花样

⑮

后侧中心

15、16、17、18

护腿长裤、短裤

12～24个月

▶ 图片见第35、36页

● 15材料
灰色毛线…190g
● 16材料
白色毛线…150g
● 17材料
淡蓝色毛线…190g
● 15,16,17,18 相同材料
宽为2cm、长为50cm的松紧带
● 针
钩针4/0号
● 织片规格
10cm²内编织22针、11行
● 成品尺寸
长15、18=47.5cm，16、17=36.5cm
腰围47cm、臀围70cm

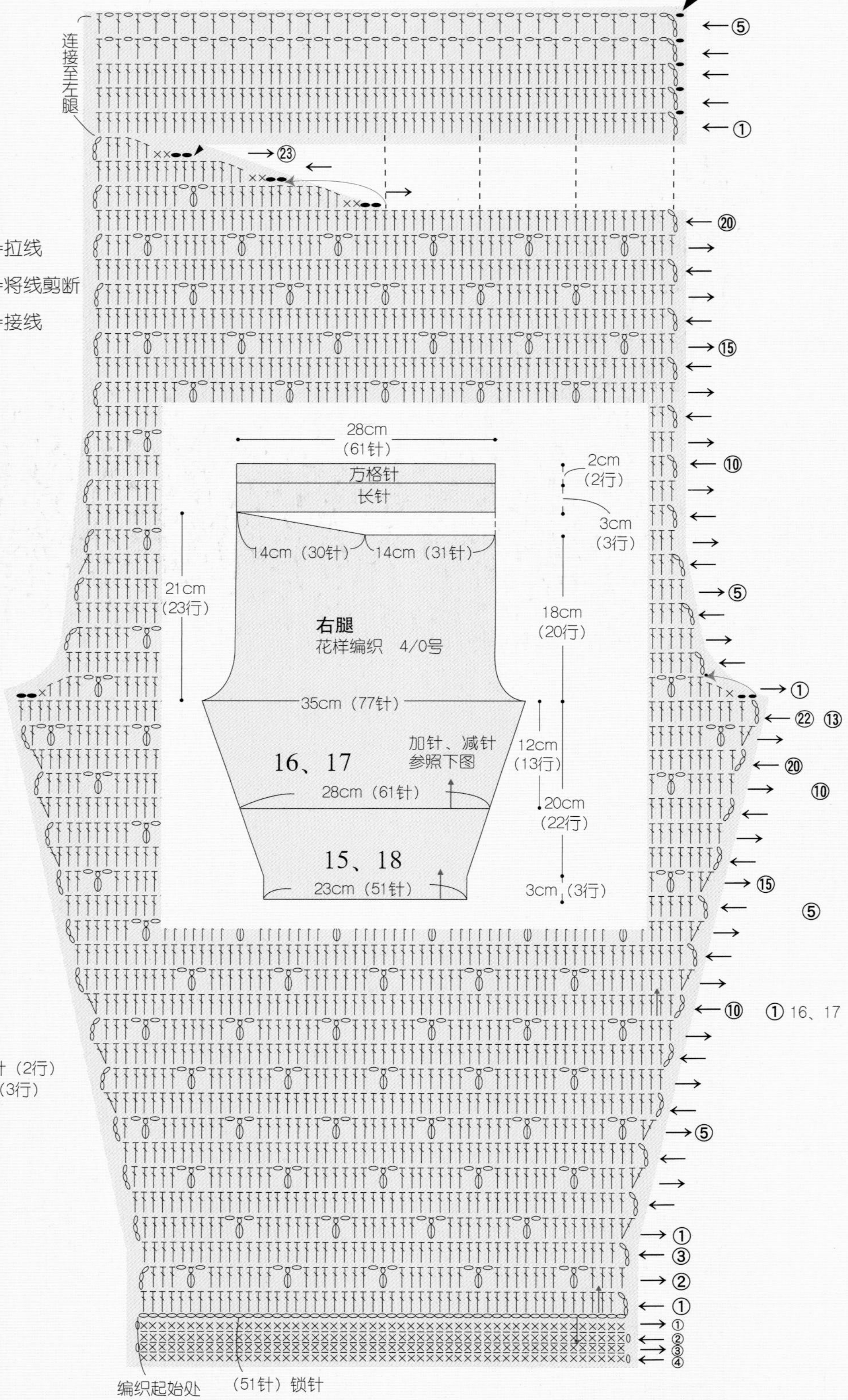

❷下摆处进行收边编织
❸左右腿以锁针缝合
❹织腰部

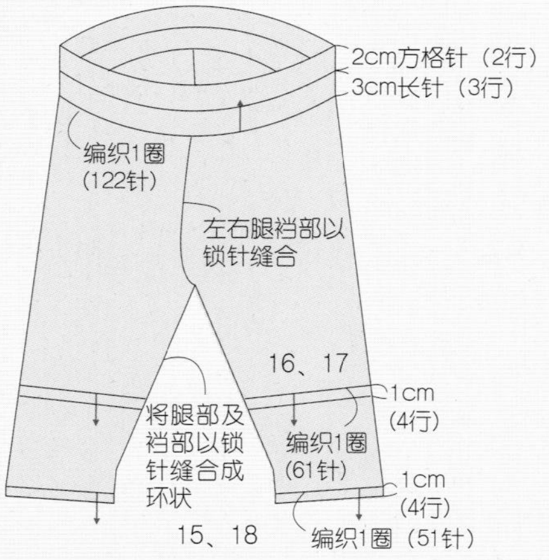

❶织右腿

连接至左腿

←⑤
←①

→㉓

←⑳
←⑮
←⑩
←⑤
←⑩

28cm
(61针)
方格针
长针
2cm
(2行)
3cm
(3行)

14cm (30针) 14cm (31针)

21cm
(23行)

右腿
花样编织 4/0号

18cm
(20行)

35cm (77针)

加针、减针
参照下图

16、17

12cm
(13行)

28cm (61针)

20cm
(22行)

15、18

23cm (51针)

3cm
(3行)

→①
←㉒ ⑬
←⑳
←⑩
←⑮
←⑤

①16、17

←⑩ ①16、17
←⑤

→①
→③
→②
→①
①
②
③
④

→①
→0
②
③
④

编织起始处 (51针)锁针

2cm方格针 (2行)
3cm长针 (3行)

编织1圈
(122针)

左右腿裆部以
锁针缝合

16、17

将腿部及
裆部以锁
针缝合成
环状

编织1圈
(61针)

1cm
(4行)

1cm
(4行)

15、18 编织1圈 (51针)

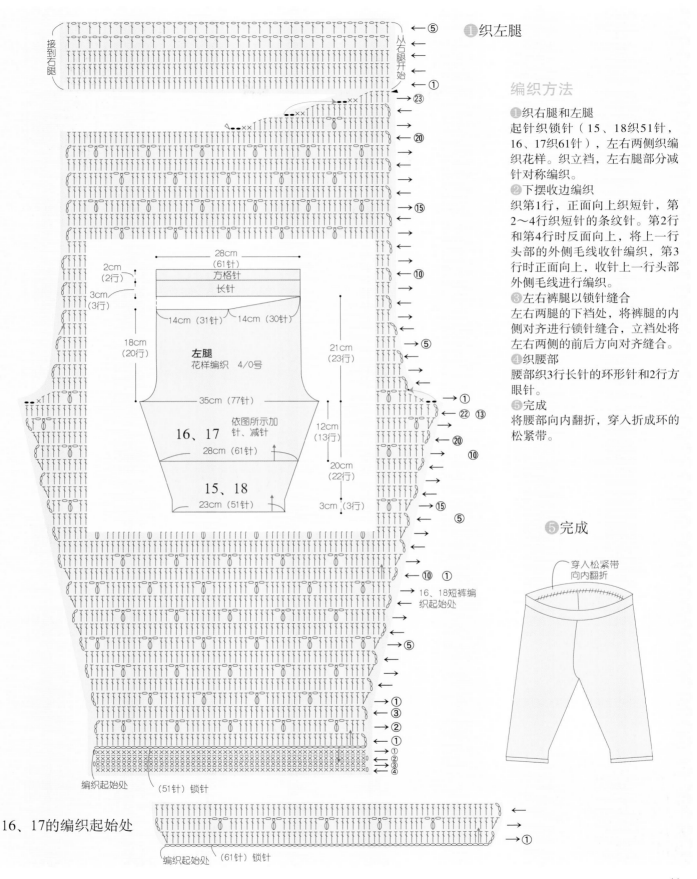

❶织左腿

编织方法

❶织右腿和左腿
起针织锁针（15、18织51针，16、17织61针），左右两侧织编织花样。织立裆，左右腿部分减针对称编织。

❷下摆收边编织
织第1行，正面向上织短针，第2~4行织短针的条纹针。第2行和第4行时反面向上，将上一行头部的外侧毛线收针编织，第3行时正面向上，收针上一行头部外侧毛线进行编织。

❸左右裤腿以锁针缝合
左右两腿的下裆处，将裤腿的内侧对齐进行锁针缝合，立裆处将左右两侧的前后方向对齐缝合。

❹织腰部
腰部织3行长针的环形针和2行方眼针。

❺完成
将腰部向内翻折，穿入折成环的松紧带。

接到右腿

从右腿开始

28cm
（61针）
方格针
长针

2cm
（2行）

3cm
（3行）

14cm（31针） 14cm（30针）

18cm
（20行）

左腿
花样编织 4/0号

21cm
（23行）

35cm（77针）

依图所示加针、减针

16、17

28cm（61针）

12cm
（13行）

20cm
（22行）

15、18

23cm（51针）

3cm（3行）

16、18短裤编织起始处

编织起始处

（51针）锁针

编织起始处

❺完成

穿入松紧带
向内翻折

16、17的编织起始处

编织起始处 （61针）锁针

14、19　长袖单扣开衫、双色单扣小马甲　　15～18　护腿长裤、短裤

14、19
短上衣、
马甲

❖ 花样的编织方法

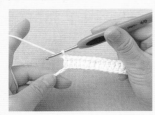

1 起针与第1行使用原线编织，第1行织长针，结束时将针脚处的线圈留大一些后停针。

2 织第2行，在第1行起针的锁针处挂线，织起针的锁针。

3 织长针和锁针，织到最后一针前停针。

4 织最后一针时更换毛线。在第1行停针的针脚处织未完成长针（参照第13页），将原线挂在针上引拔穿过。

5 织第3行。反面向上使用原线编织。

6 织好长针2针后，在第1行长针的头部入针，织第2行的锁针。

7 织第4行，从第3行开始正面向上编织。

8 图为织好6行时的样子。将打结一侧的线拉出，不剪断继续编织。

❖ 扣环

1 包边编织好后，最后固定扣眼。在领口边角处接线。

2 织7针锁针，在图中箭头指示处引拔穿过。

3 引拔穿过后将针脚稍稍留大一些，然后穿过10cm的线头。

4 将线头藏至收边的里侧针脚里，并整理好。

15、18
护腿长裤
短裤

❖ 腰部穿入松紧带的方法

1 把弯成环状的松紧带插进去，将方格针部分向内翻折，然后用针卷起固定。

2 将腰线和方格针处一针、一针收针，小心地卷起固定。

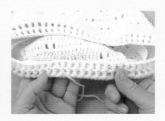

3 边卷边检查状态，注意不要倾斜。

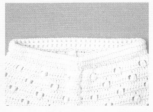

4 将腰线卷起固定好后整理毛线。

20、21 小马甲

❖ 衣领前部的编织方法

●衣领右前侧

●中长针和长长针的2针并1针

1 从胸线开始织11行后将针抽出，结束处插入线圈。

2 将针脚处的毛线收针，引拔穿过第3针中长针头部。

3 第1行织1针锁针、1针短针、1针中长针、1针锁针。织好后做成平滑的斜线。

4 第2行最后织未完成中长针和未完成长长针，一次性引拔穿过后织成2针并1针。

●衣领左前侧

5 第1行结束处的斜线是1针锁针、1针中长针、1针短针、1针锁针、1针引拔针。

6 结束针处将毛线打结固定。

7 将毛线拉出后从长针头部拉出。

8 第2行开始处织4针锁针，与长长针的高度相同，然后织1针中长针，后面按照记号图进行编织。

❖ 缝合腋下（锁针缝合）

1 将前片与后片的正面对齐，内侧向上缝合。在下摆的针脚处接线织1针锁针。

2 在同一针处织"1针短针、2针锁针"（缝合线改变颜色）。

3 在行的交界处织"1针短针、3针锁针"。

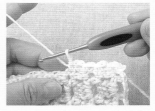

4 反复织步骤2、3引号内的针法，缝合。

❖ 扣眼

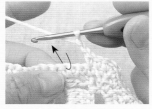

1 织包边编织的第2行和第3行。在第2行短针处的扣眼位置织2针锁针。

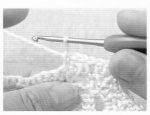

2 跳过前一行的2针短针，继续织短针。

3 在第3行的扣眼位置将短针、长针织入锁针针脚，成"八"字状。

4 扣眼编织完成。右前片（男款为左前片）完成5个。

20　奶油色小马甲

21　粉色小马甲

12～24个月

镂空的花样加上装饰用的荷叶边，让宝宝穿起来特别可爱。这款马甲适合套穿，妈妈们可以准备颜色不同的几件方便换洗。虽然是开襟款式，但是小扣子能让马甲扣得严严实实，所以不必担心宝宝肚子会受凉。明快的粉色调，一定也能让宝宝的心情更加开朗欢快！

▶ 编织方法　见第43、46、47页

20、21

小马甲

12~24个月

▶ 图片见第44、45页

● 20材料
奶油色毛线…120g
直径1.4cm的纽扣5颗
● 21材料
粉色毛线…120g
直径1.4cm的纽扣5颗
● 针
钩针4/0号
● 织片规格
10cm²内编织30针、14行
● 成品尺寸
身长29.5cm、宽度30cm、
肩背宽24cm

编织方法

❶织后片
织89针锁针，然后织长针，在锁针下面入针编织。
❷织前片
编织方法与后片相同。
❸并接肩部，缝合腋下
正面朝上，将肩部以卷针并接，腋下以锁针缝合连接。
❹收边编织
编织衣领、前襟、下摆。第2行、第3行重复编织，第2行以2针锁针织扣眼。注意男款与女款的方向相反（图中以女款进行说明）。
❺完成
固定好纽扣。

❶织后片

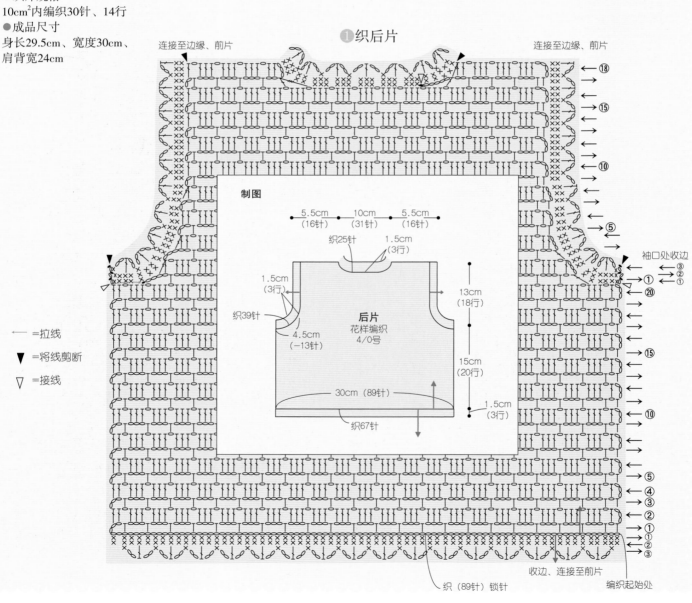

— =拉线

▼ =将线剪断

▽ =接线

制图

连接至边缘、前片

连接至边缘、前片

5.5cm (16针) 10cm (31针) 5.5cm (16针)

织25针 1.5cm (3行)

1.5cm (3行)

13cm (18行)

织39针

4.5cm (一13针)

后片
花样编织
4/0号

15cm (20行)

30cm (89针)

1.5cm (3行)

织67针

袖口处收边

织（89针）锁针

收边、连接至前片

编织起始处

制图

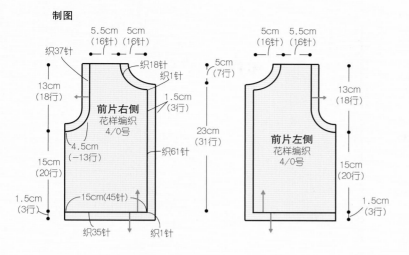

织37针

13cm
(18行)

5.5cm
(16针)　5cm
(16针)

织18针

织1针

前片右侧
花样编织
4/0号

1.5cm
(3行)

15cm
(20行)

4.5cm
(-13行)

织61针

5cm
(7行)

23cm
(31行)

1.5cm
(3行)

15cm(45针)

织35针　织1针

5cm
(16针)　5.5cm
(16针)

13cm
(18行)

前片左侧
花样编织
4/0号

15cm
(20行)

1.5cm
(3行)

❸、❹　并接肩部，缝合腋下，收边编织

❺完成

图中扣眼为女款式样，男款扣眼织在左前片

❷织前片

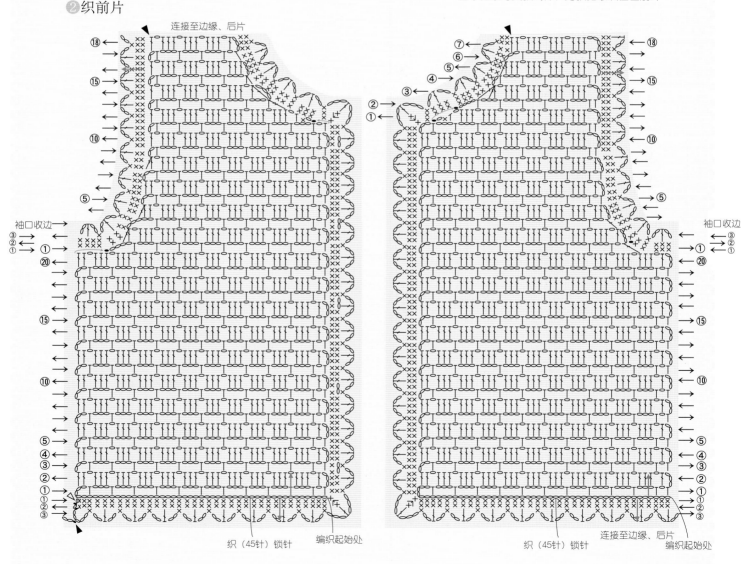

连接至边缘、后片

袖口收边

织（45针）锁针　编织起始处

连接至边缘、后片

织（45针）锁针　编织起始处

袖口收边

22、23　双色小帽子&围巾

 12～24个月

就算北风呼啸也毫不在乎！这款帽子与围巾，让你总是想要飞奔到户外。这款搭配的亮点是比宝宝的小拳头稍大的小毛球。如果使用段染线，仅通过简单的针法就可以织出很漂亮的样子，即使初次尝试编织的妈妈们也一定可以轻松完成。

▶ 编织方法　见第50～52页

24、25　段染小帽子&围巾

12～24个月

22、24

小帽子

12~24个月

▶ 图片见第48、49页

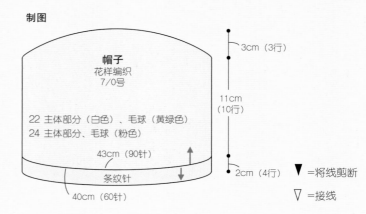

制图

帽子
花样编织
7/0号

22 主体部分（白色）、毛球（黄绿色）
24 主体部分、毛球（粉色）

43cm（90针）

条纹针

40cm（60针）

3cm（3行）
11cm（10行）
2cm（4行）

▼ =将线剪断
▽ =接线

❶、❷编织主体部分和收边

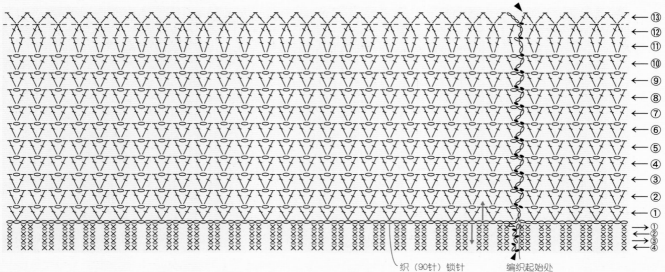

织（90针）锁针

编织起始处

● 22材料
白色毛线…40g
黄绿色毛线…20g
● 24材料
粉色毛线…60g
● 针
钩针7/0号
● 织片规格
边长10cm正方形内编织21针、
9行
● 成品尺寸
头围40cm

编织方法

❶编织主体部分
织90针锁针，然后环形编
织10行。第11~13行减针编
织。13行织好后，留下足够
的毛线以缝合、捆扎头顶部
分，再将线剪断。

❷收边编织
将编织图案间的锁针针脚捆
成一束，第1行织短针。第
2~4行织短针的条纹针，并
正反两面交替编织。

❸完成
将编织起始处与结束处对
齐，将起始处的线头拉到锁
针针脚处，用以收针。头顶
处用留好的毛线，从最后一
行剩余针脚的半针处穿过拉
紧。然后与围巾相同，缝好
直径8cm的小毛球。

❸完成

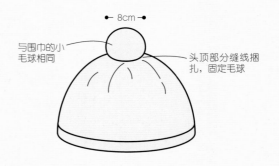

8cm

与围巾的小
毛球相同

头顶部分缝线捆
扎，固定毛球

23、25

围巾

12～24个月

▶ 图片见第48、49页

●23材料
白色毛线…55g
黄绿色毛线…25g
●25材料
粉色毛线…80g
●针
钩针7/0号
●织片规格
10cm²内编织21针、8.5行
●成品尺寸
长101cm、宽11cm

编织方法

❶织主体部分
织23针锁针，73行花样编织。
❷制作小毛球
参见P52。
❸完成
顶端折出褶皱并缝好，再固定
好小毛球。

制图

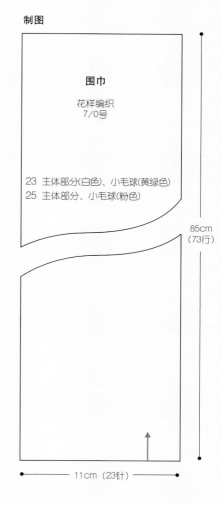

围巾

花样编织
7/0号

23 主体部分(白色)、小毛球(黄绿色)
25 主体部分、小毛球(粉色)

85cm
(73行)

11cm（23针）

❶织主体部分

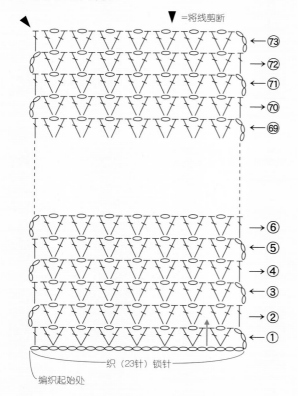

▼=将线剪断

←73
→72
←71
→70
←69

→6
←5
→4
←3
→2
←1

织（23针）锁针

编织起始处

❸完成

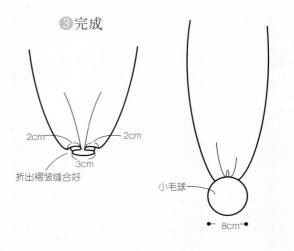

2cm   2cm
3cm
折出褶皱缝合好

小毛球

8cm

51

22、24　小帽子

❖ 环形针的编织方法

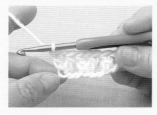

1 针脚不织成环，按照平针要领织第1行。

2 第1行结束后引拔穿过起针的锁针，织成环状。

3 在下一针锁针针脚处同样引拔穿过，织起针的锁针，再织1针锁针、1针长针，织成编织图案的"V"字形。

4 第2行以后以同样方法编织。每行的结束处均引拔穿过2针后继续编织。

5 始终正面向上织成环状，并使针脚连接到最后结束处。

6 将针脚的线头穿过钩针，再穿过锁针针脚，停针。

❖ 包边的条纹针

1 第1行正面向上织短针。

2 第1行结束处引拔穿过起始处的短针，织1针锁针。

● 短针的条纹针 ✕

3 第2行换手持织片，正面向上，在前一行短针的外侧入针织短针。

4 织这行时，始终里侧向上，以步骤3的方法编织。

5 第2行结束处引拔穿过至起始针针脚，织好1针锁针后换手持织片。

6 织第3行，在正面外侧入针织短针。第4行编织方法与里侧第2行相同。

❖ 小毛球的制作方法

1 准备一块宽10cm的硬纸片，把两根线一起绕60圈。

2 抽出硬纸片，在中间用线绕两圈后打结。

3 把两端的线环用剪刀剪断。

4 用剪子剪小毛球的四周，整理形状。用中间的毛线将小毛球固定在帽子顶端和围巾上。

26、27 小披肩

❖花样最后一行的编织方法

●长长针凸编

1 最后一行的凸编之长长针织法，针上挂两圈线，然后按箭头所指方向入针，将线拉出。

2 针上挂线，一次引拔穿过2个线圈。

3 在针上挂线，按照箭头所指方向，每次引拔穿过2个线圈，并穿过2次。

4 到这里长长针就织好了。在此基础上再加凸编。

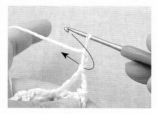   

5 织3针锁针，在箭头位置的长长针处入针。

6 针上挂线，然后引拔穿过。

7 凸编之长长针完成。

8 在长长针上经常要加凸编。图中所示为编织好一个图案时的样子。

❖带子的编织方法

 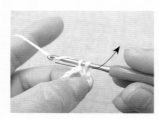 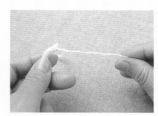 

1 织208针锁针共80cm，引拔穿过至锁针的里山。

2 锁针的里山，每针处织引拔针，编织至回到起始处。

3 将线头穿过结束处的线圈后系紧，留下线头。

4 带子完成。因为带子容易扭曲，所以建议使用熨斗进行整理。

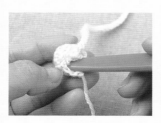   

5 织2个短针小毛球，把线头都塞到里面。

6 先将带子前端约0.5cm放进去。再将毛线穿过最后一行的针脚后系紧。

7 在带子和小毛球上来回插入几次针后固定。

8 另外一端的小毛球是在领口穿好带子后再固定。

26　奶油色披肩

0～12个月

27　蓝色披肩

0～12个月

宝宝如果穿上披肩一定会格外可爱！披肩既有御寒功效，又能让宝宝自由活动胳膊和小手，超强的实用性让它成为一款超人气小物。下面使用不同粗细的两种线介绍两款披肩的编织方法。用扇形图案巧妙编织的荷叶边，能轻而易举地打造可爱感。将短针编织的小毛球固定在带子顶端，让细节同样精致可爱。

▶ 编织方法　见第53、56、57页

26、27

小披肩
26…0~12个月　27…12~24个月

▶ 图片见第54、55页

- ●26材料
  奶油色毛线…120g
- ●27材料
  蓝色毛线…140g
- ●针
  钩针26=4/0号、27=5/0号
- ●成品尺寸
  长度26=22.5cm、27=26.5cm

编织方法

❶织主体部分
织101针锁针，21行编织花样。然后继续织一行右前方、衣领口、左前方的收边编织。
❷织小毛球（2个）
作环形起针，织短针。
❸织带子
织80cm（26=208针、27=192针）锁针，再以引拔针织回。
❹完成
在带子上先固定一个小毛球，将带子穿过主体部分第1行后，再固定另一个小毛球。

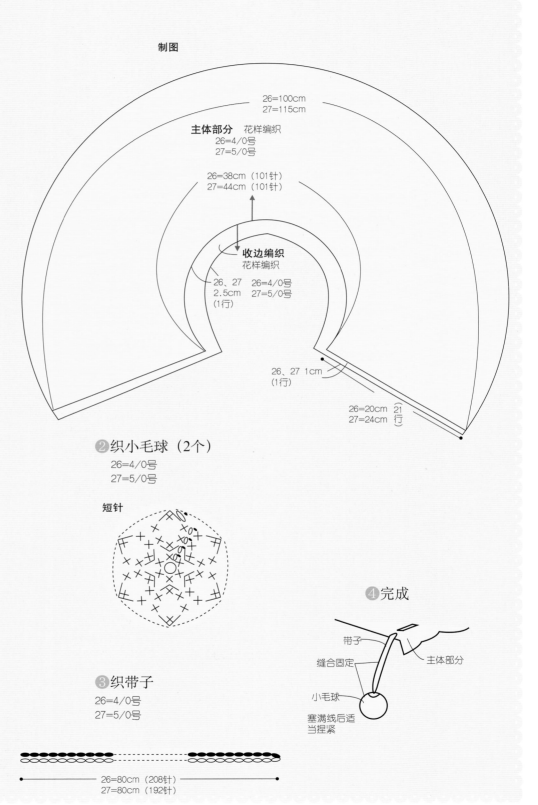

制图

26=100cm
27=115cm

主体部分　花样编织
26=4/0号
27=5/0号

26=38cm（101针）
27=44cm（101针）

收边编织
花样编织

26、27　26=4/0号
2.5cm　27=5/0号
（1行）

26、27　1cm
（1行）

26=20cm　21
27=24cm　行

❷织小毛球（2个）
26=4/0号
27=5/0号

短针

❸织带子
26=4/0号
27=5/0号

26=80cm（208针）
27=80cm（192针）

❹完成

带子

缝合固定

主体部分

小毛球

塞满线后适当捏紧

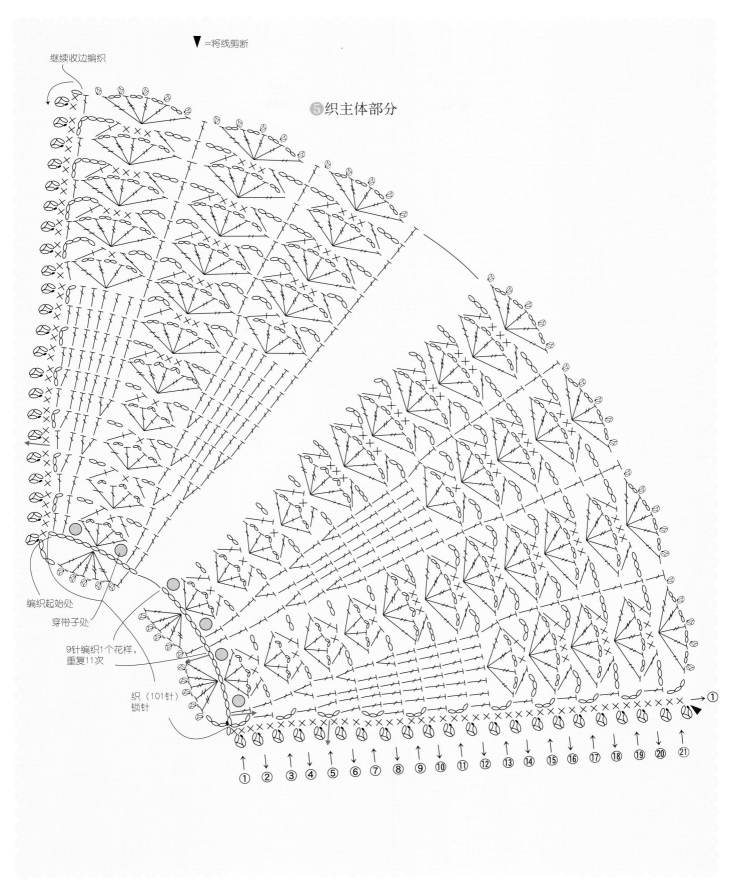

▼=将线剪断

继续收边编织

❺织主体部分

编织起始处
穿带子处

9针编织1个花样，
重复11次

织（101针）
锁针

① ② ③ ④ ⑤ ⑥ ⑦ ⑧ ⑨ ⑩ ⑪ ⑫ ⑬ ⑭ ⑮ ⑯ ⑰ ⑱ ⑲ ⑳ ㉑

→①

钩针编织基础

❖ 记号图的读法

记号图由日本工业标准
（JIS）规定，表示正面
看到的效果。钩针编织
中没有正面钩织与反面钩
织的区别（挑针除外），
正面、背面交替编织的平
针，也用完全相同的记号
表示。

▼=将线剪断

从中心开始环形编织

在中心处做环（或者锁针针脚），像画圆
一样一行一行织下去。每一行以起针开始
织。基本上是正面向上，看着记号图由右
向左织。

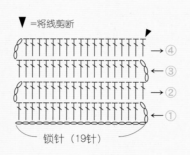

▼=将线剪断

锁针（19针）

→④
←③
→②
←①

织平针时

特点是左右都有起针，右侧织好起针将正
面放到面前，看着记号图由右向左织。左
侧织好起针背面向上，看着记号图由左向
右织，这是基础。

❖ 线和针的持法

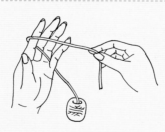

1 将线从左手小指和无名
指间穿过，绕到食指上后将
线头拉出。

2 用拇指和中指持线头，
挑起食指使毛线拉直。

3 用拇指和食指持针，将
中指轻轻放到针头处。

❖ 起针的织法

1 从毛线内侧插入
钩针，旋转针头。

2 在针上挂线。

3 从线圈中心穿过，
将线拉出。

4 拉动线头使针脚收
紧，起针织好。这不
算作1针。

❖ **前一行的掬针方法**　编织1针　将编织成的锁链捆成束编织

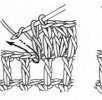

即使是同样的编织物，根据记号图的不同，掬针的方法也会不同。记号图的下方闭合时，是在前一行内编织1针；记号图的下方开着时，在前一行锁链下入针编织。

❖ **锁针的看法**

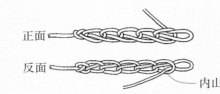

正面

反面

内山

锁针有正反面之分。位于反面中心的一根线叫做"内山"。

❖ **起针**

从中心开始环形编织时（用线头做圈）

1 将线在左手食指上绕两圈，使之成环状。

2 从手指上脱下已缠好的线圈，将针穿过线圈，把线钩到前面。

3 在针上挂线，将线拉出，织锁针。

4 织第1行，在线圈中心入针，织需要的针数。

5 将针抽出，将最开始的线圈的线和线头抽出，收紧线圈。

6 在第1行结束时，在最开始的短针开头入针，将线拉出。

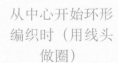

从中心开始环形编织时（用锁针做圈）

1 编织必要针数的锁针，从起针的半针锁针处入针，引拔穿过。

2 针上挂线，将线拉出，织起针的锁针。

3 织第1行，在线圈中编织1个锁针。在锁针圈中入针，编织必要的针数。

4 在第1行结束时，在最初的短针里入针，将线拉出。

平针编织时

1 编织必要针数的锁针和起针的锁针，从第2针的锁针位置入针。

2 针上挂线，将线拉出。

3 第1行编织完成。

❖ 钩针符号

锁针

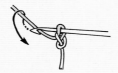
1 织起针，按箭头方向移动钩针。

2 针上挂线拉出线圈。

3 重复相同动作。

4 5针锁针完成。

引拔针

1 在前一行插入钩针。

2 针上挂线。

3 把线一次性引拔穿过。

4 1针引拔针完成。

✕
短针

1 在前一行插入钩针。

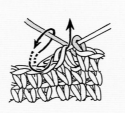
2 针上挂线，将线拉到前面。

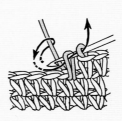
3 针上挂线，一次性引拔穿过2个线圈。

4 1针短针完成。

T
中长针

1 针上挂线后，把针插入前一行。

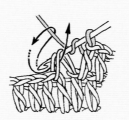
2 再针上挂线，把线圈抽出。

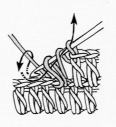
3 针上挂线，一次性引拔穿过3个线圈。

4 1针中长针完成。

长针		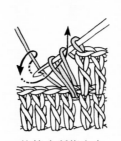	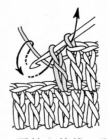	
	1 针上挂线后把针插入前一行，再针上挂线，把线圈抽出。	**2** 按箭头所指方向，针上挂线后引拔穿过2个线圈。	**3** 再针上挂线，引拔穿过剩下的2个线圈。	**4** 1针长针完成。

长长针			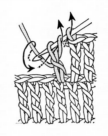	
	1 将线在钩针上绕2圈，把针插进上1个环里，然后再绕1圈线，拉出1个新的环。	**2** 针上挂线，按照箭头指示的方向从2个环中一次性拉出。	**3** 再按上述步骤重复2次。	**4** 长长针完成。

短针凸编				
	1 织3针锁针。	**2** 将钩针从短针的顶端及底部依次穿过。	**3** 针上挂线，然后从3个环中一次性引拔穿过。	**4** 短针凸编完成。

变化的枣形针（中长针）				
	1 在1针处，织完3针未完成的中长针。	**2** 针上挂线，钩针从6个环中一次性引拔穿过。	**3** 再一次在针上挂线，引拔穿过剩下的2个线圈。	**4** 变化的枣形针（中长针）完成。

短针2针并1针

1 在1针处按箭头指示方向插入钩针，拉出1个环。

2 在下一针处再按照同样方式拉出1个环。

3 针上挂线，一次性引拔穿过3个线圈。

4 短针2针并1针完成。整体针数减1针。

短针1针分2针

1 织短针第1针。

2 在同一锁针针眼处插入钩针，拉出1个环。

3 针上挂线，从2个环中一次拉出。

4 短针1针分2针完成。整体增加1针。

长针2针并1针

1 在上一行1针处织未完成长针，下一针处按箭头所指方向入针，抽出毛线。

2 针上挂线，一次性引拔穿过2个线圈，织第2针未完成长针。

3 针上挂线，一次性引拔穿过3个线圈。

4 长针2针并1针完成。比前一行减少1针。

长针1针分2针

1 织1针长针，同一针处再织1针长针。

2 针上挂线，引拔穿过2个线圈。

3 再针上挂线，引拔穿过剩下的2个线圈。

4 图中1针处织了2针长针。比前一行增加1针。

索引

TITLE：[1週間で完成！かぎ針編みのベビーニット]

by：[河合真弓]

Copyright © E&G CREATES.CO.,LTD., 2006

Original Japanese language edition published by E&G CREATES.CO.,LTD.

All rights reserved. No part of this book may be reproduced in any form without the written permission of the publisher.

Chinese translation rights arranged with E&G CREATES.CO.,LTD.

Tokyo through Nippon Shuppan Hanbai Inc.

日本美创出版社授权河南科学技术出版社在中国大陆独家出版本书中文简体字版本。

版权所有，翻印必究

著作权合同登记号：图字16—2010—23

图书在版编目（CIP）数据

亲亲宝贝装　1周就能完成的钩针小物. 可爱篇／（日）河合真弓著；吕婷轩译. —郑州：河南科学技术出版社，2011.6（2014.10重印）

ISBN 978-7-5349-4921-0

Ⅰ.①亲… Ⅱ.①河…②吕… Ⅲ.①钩针—编织—图集 Ⅳ.①TS935. 521-64

中国版本图书馆CIP数据核字（2011）第042907号

策划制作：北京书锦缘咨询有限公司（www.booklink.com.cn）
总 策 划：陈　庆
策　　划：陈　杨
装帧设计：李新泉

出版发行：河南科学技术出版社
　　　　　地址：郑州市经五路 66 号　　邮编：450002
　　　　　电话：（0371）65737028　65788613
　　　　　网址：www.hnstp.cn
责任编辑：刘　欣　张　培
责任校对：李　琳
印　　刷：天津市蓟县宏图印刷有限公司
经　　销：全国新华书店
幅面尺寸：210mm×270mm　　印张：4　　字数：110千字
版　　次：2011年6月第1版　　2014年10月第9次印刷
定　　价：25.00元

如发现印、装质量问题，影响阅读，请与出版社联系。